U0370999

谁在推你：
牛顿物理 6

[加拿大] 克里斯·费里 著/绘 那彬 译

中国少年儿童新闻出版总社
中国少年兒童出版社
北 京

HERE COMES TROUBLE

作者简介

克里斯 · 费里，80 后，加拿大人。毕业于加拿大名校滑铁卢大学，取得数学物理学博士学位，研究方向为量子物理专业。读书期间，克里斯就在滑铁卢大学纳米技术研究所工作，毕业后先后在美国新墨西哥大学、澳大利亚悉尼大学和悉尼科技大学任教。至今，克里斯已经发表多篇有影响力的权威学术论文，多次代表所在学校参加国际学术会议并发表演讲，是当前越来越受人关注的量子物理学领域冉冉升起的学术新星。

同时，克里斯还是 4 个孩子的父亲，也是一名非常成功的少儿科普作家。2015 年 12 月，一张 Facebook（脸书）上的照片将克里斯 · 费里推向全球公众的视野。照片上，Facebook（脸书）创始人扎克伯格和妻子一起给刚出生没多久的女儿阅读克里斯 · 费里的一本物理绘本。这张照片共收获了全球上百万的赞，几万条留言和几万次的分享。这让克里斯 · 费里的书以及他自己都受到了前所未有的关注。

扎克伯格给女儿阅读的物理书，只是作者克里斯 · 费里的试水之作。2018 年，克里斯 · 费里开始专门为中国小朋友做物理科普。他与中国少年儿童新闻出版总社全面合作，为中国小朋友创作一套学习物理知识的绘本——“红袋鼠物理千千问”系列。

红袋鼠说：“我坐在汽车里，汽车刚刚启动的时候，我感觉好像有人在把我往后推。而当汽车停下来的时候，我又感觉好像在被人往前拉。克里斯博士一定知道这背后的道理吧。”

克里斯博士说：“你感受到的其实是**牛顿第一定律**。”

克里斯博士问：“你还记得力和运动的物理学概念分别是什么吗？”

红袋鼠回答说：“力是任何的推或拉。”

红袋鼠接着又说："运动就是移动！我记得在物理学当中，运动的速度和方向都很重要。"

克里斯博士说：“现在我们来说牛顿第一定律，它包含两个方面。第一个方面是说，对于一个处于静止状态的物体，如果没有受到外来力的作用，或者所受的合力为零，它就会保持静止状态或匀速直线运动状态。你看这个球，它就是静止状态。”

红袋鼠笑着说：“这个球当然不会动啦！又没有人踢它。不过我可以让它动起来。”

克里斯博士说：“哈哈！你这是给了它一个力！”

克里斯博士接着说：“当你坐在汽车里等待出发时，你和汽车都处于静止状态。而当汽车突然开动起来的时候，你的身体仍然还处于静止状态。”

红袋鼠恍然大悟：“车动了，我还没动，车给了我一个向前的推力。所以我感觉像有人在推我的后背。”

克里斯博士说：“不过，一旦汽车稳定行驶起来，你就不会再感觉到被推着了。”

克里斯博士继续说：“牛顿第一定律的第二个方面是说，运动着的物体不会改变它的运动状态，除非它受到力的作用。”

红袋鼠说：“可是我的球最后都是会停下来的呀！”

克里斯博士说：“你观察得很仔细！你的球会停下来是因为它受到力了。这个力是摩擦力。”

克里斯博士继续说：“我们之前讲过，运动状态的变化可以是加速、减速或者改变方向。”

红袋鼠说：“所以我的球受到力的作用之后，可能会加速、减速或改变方向。”

克里斯博士问：“当你稳稳地坐在汽车里，而汽车突然停下来的时候，会发生什么呢？”

红袋鼠回答说：“我的身体感觉在被往前拉。而安全带固定住了我，不然我就会往前飞出去了！”

克里斯博士说：“你会有被往前拉的感觉，是因为你的身体还要继续保持运动状态。这也是因为牛顿第一定律。”

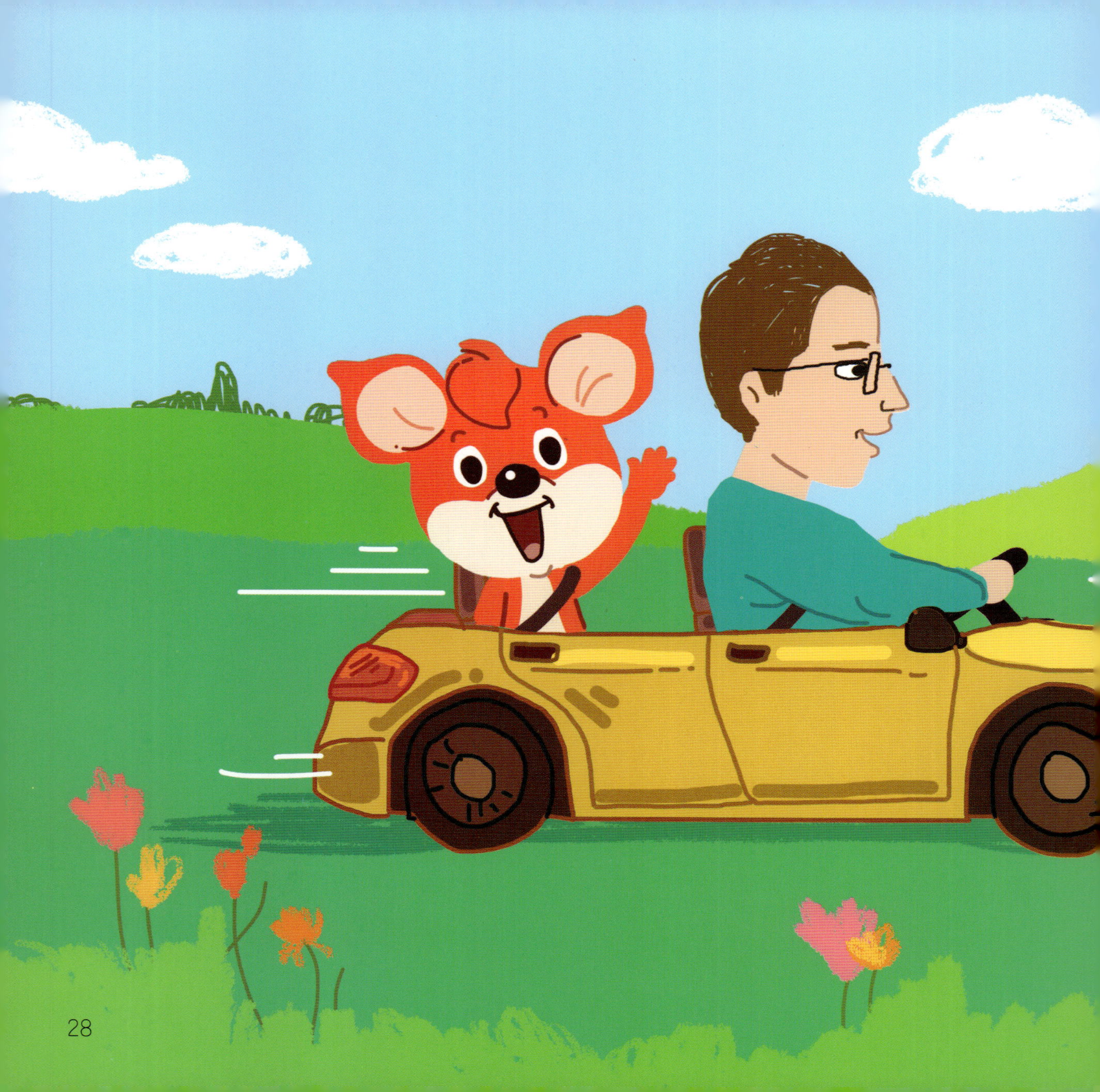

红袋鼠说：“所以我们坐车时一定要系好安全带，它能保证我们的安全！”

版权合作方：  澳大利亚米酷传媒

图书在版编目（CIP）数据

牛顿物理. 6，谁在推你 / (加) 克里斯·费里著绘 ；那彬译. — 北京 ：中国少年儿童出版社，2019.6
（红袋鼠物理千千问）
ISBN 978-7-5148-5401-5

Ⅰ. ①牛… Ⅱ. ①克… ②那… Ⅲ. ①物理学—儿童读物 Ⅳ. ①04-49

中国版本图书馆CIP数据核字(2019)第065084号

审读专家：高淑梅 江南大学理学院教授，中心实验室主任

HONGDAISHU WULI QIANQIANWEN
SHEI ZAI TUI NI:NIUDUN WULI 6

出版发行： 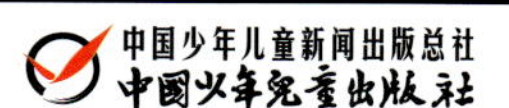

出　版　人：孙　柱
执行出版人：张晓楠

策　　划：张　楠　　　　审　　读：林　栋　聂　冰
责任编辑：徐懿如　郭晓博　　封面设计：马　欣
美术编辑：马　欣　　　　美术助理：杨　璇
责任印务：刘　潋　　　　责任校对：颜　轩

社　　址：北京市朝阳区建国门外大街丙12号　邮政编码：100022
总 编 室：010-57526071　　传　　真：010-57526075
客 服 部：010-57526258
网　　址：www.ccppg.cn　　电子邮箱：zbs@ccppg.com.cn

印　　刷：北京利丰雅高长城印刷有限公司

开本：787mm×1092mm　1/20　　印张：2
2019年6月北京第1版　　2019年6月北京第1次印刷
字数：25千字　　印数：10000册

ISBN 978-7-5148-5401-5　　定价：25.00元